# Math operations

## Addition

## Subtraction

## Multiplication

## Mixed Operations and Brackets

## This book belongs to:

_____

_____

_____

©all rights reserved

# Addition

# Addition

1)     55  
 +   17  
———

2)     67  
 +   37  
———

3)     65  
 +   70  
———

4)     63  
 +   55  
———

5)     18  
 +   85  
———

6)     69  
 +   19  
———

7)     45  
 +   75  
———

8)     78  
 +   91  
———

9)     33  
 +   38  
———

10)     28  
 +   14  
———

11)     78  
 +   21  
———

12)     47  
 +   28  
———

13)     64  
 +   99  
———

14)     87  
 +   81  
———

15)     93  
 +   82  
———

# Addition

16)  70
   +  59
   ———

17)  38
   +  83
   ———

18)  34
   +  45
   ———

19)  81
   +  91
   ———

20)  19
   +  84
   ———

21)  16
   +  94
   ———

22)  90
   +  48
   ———

23)  26
   +  28
   ———

24)  78
   +  27
   ———

25)  19
   +  10
   ———

26)  10
   +  46
   ———

27)  70
   +  21
   ———

28)  18
   +  51
   ———

29)  39
   +  70
   ———

30)  32
   +  21
   ———

# Addition

31)  45       32)  90       33)  71
   + 71          + 29          + 89
   ____          ____          ____

34)  87       35)  43       36)  97
   + 82          + 66          + 43
   ____          ____          ____

37)  94       38)  70       39)  81
   + 91          + 45          + 17
   ____          ____          ____

40)  28       41)  73       42)  11
   + 68          + 95          + 92
   ____          ____          ____

43)  20       44)  62       45)  46
   + 71          + 43          + 91
   ____          ____          ____

# Addition

46)  58  
  +  69  
  ———

47)  66  
  +  20  
  ———

48)  48  
  +  10  
  ———

49)  66  
  +  84  
  ———

50)  23  
  +  83  
  ———

51)  10  
  +  85  
  ———

52)  43  
  +  28  
  ———

53)  40  
  +  94  
  ———

54)  97  
  +  94  
  ———

55)  76  
  +  77  
  ———

56)  93  
  +  17  
  ———

57)  72  
  +  55  
  ———

58)  24  
  +  51  
  ———

59)  24  
  +  49  
  ———

60)  32  
  +  54  
  ———

# Addition

61) 30 + 71 = ____

62) 21 + 57 = ____

63) 72 + 16 = ____

64) 50 + 99 = ____

65) 95 + 58 = ____

66) 68 + 94 = ____

67) 92 + 28 = ____

68) 72 + 15 = ____

69) 32 + 88 = ____

70) 82 + 95 = ____

71) 17 + 67 = ____

72) 44 + 79 = ____

73) 19 + 22 = ____

74) 21 + 70 = ____

75) 56 + 56 = ____

# Addition

76)  83
   +  10
   _____

77)  21
   +  70
   _____

78)  60
   +  91
   _____

79)  11
   +  68
   _____

80)  42
   +  18
   _____

81)  15
   +  74
   _____

82)  46
   +  52
   _____

83)  25
   +  39
   _____

84)  72
   +  25
   _____

85)  74
   +  68
   _____

86)  10
   +  83
   _____

87)  53
   +  21
   _____

88)  90
   +  97
   _____

89)  97
   +  17
   _____

90)  63
   +  14
   _____

# Addition

91) 21 + 84 = _____

92) 70 + 65 = _____

93) 13 + 38 = _____

94) 50 + 20 = _____

95) 79 + 86 = _____

96) 33 + 57 = _____

97) 10 + 13 = _____

98) 45 + 78 = _____

99) 60 + 63 = _____

100) 60 + 98 = _____

101) 46 + 14 = _____

102) 26 + 90 = _____

103) 33 + 73 = _____

104) 92 + 47 = _____

105) 18 + 88 = _____

# Addition

106) 45 + 75

107) 63 + 22

108) 81 + 61

109) 94 + 83

110) 53 + 50

111) 83 + 56

112) 52 + 32

113) 63 + 63

114) 95 + 88

115) 80 + 46

116) 73 + 53

117) 19 + 52

118) 53 + 99

119) 99 + 16

120) 65 + 73

# Addition

121) 92 + 29

122) 98 + 68

123) 55 + 47

124) 52 + 36

125) 56 + 41

126) 52 + 62

127) 76 + 15

128) 30 + 70

129) 37 + 26

130) 77 + 28

131) 27 + 82

132) 50 + 72

133) 49 + 63

134) 65 + 93

135) 47 + 75

# Addition

136) 57 + 28

137) 15 + 45

138) 81 + 40

139) 15 + 48

140) 63 + 79

141) 75 + 81

142) 56 + 56

143) 26 + 63

144) 85 + 12

145) 40 + 20

146) 93 + 16

147) 66 + 13

148) 50 + 34

149) 55 + 36

150) 86 + 64

Answers

1) 72
2) 104
3) 135
4) 118
5) 103
6) 88
7) 120
8) 169
9) 71
10) 42
11) 99
12) 75
13) 163
14) 168
15) 175
16) 129
17) 121
18) 79
19) 172
20) 103
21) 110
22) 138
23) 54
24) 105
25) 29
26) 56
27) 91
28) 69
29) 109
30) 53
31) 116
32) 119
33) 160
34) 169
35) 109
36) 140
37) 185
38) 115
39) 98
40) 96
41) 168
42) 103
43) 91
44) 105
45) 137
46) 127
47) 86
48) 58
49) 150
50) 106
51) 95
52) 71
53) 134
54) 191
55) 153
56) 110
57) 127
58) 75
59) 73
60) 86

61) 101
62) 78
63) 88
64) 149
65) 153
66) 162
67) 120
68) 87
69) 120
70) 177
71) 84
72) 123
73) 41
74) 91
75) 112
76) 93
77) 91
78) 151
79) 79
80) 60
81) 89
82) 98
83) 64
84) 97
85) 142
86) 93
87) 74
88) 187
89) 114
90) 77
91) 105
92) 135
93) 51
94) 70
95) 165
96) 90
97) 23
98) 123
99) 123
100) 158
101) 60
102) 116
103) 106
104) 139
105) 106
106) 120
107) 85
108) 142
109) 177
110) 103
111) 139
112) 84
113) 126
114) 183
115) 126
116) 126
117) 71
118) 152
119) 115
120) 138

| | | |
|---|---|---|
| 121) 121 | 122) 166 | 123) 102 |
| 124) 88  | 125) 97  | 126) 114 |
| 127) 91  | 128) 100 | 129) 63  |
| 130) 105 | 131) 109 | 132) 122 |
| 133) 112 | 134) 158 | 135) 122 |
| 136) 85  | 137) 60  | 138) 121 |
| 139) 63  | 140) 142 | 141) 156 |
| 142) 112 | 143) 89  | 144) 97  |
| 145) 60  | 146) 109 | 147) 79  |
| 148) 84  | 149) 91  | 150) 150 |

# Subtraction

# Subtraction

1) 98 − 93

2) 91 − 13

3) 94 − 11

4) 76 − 74

5) 68 − 28

6) 30 − 20

7) 94 − 63

8) 57 − 43

9) 94 − 53

10) 21 − 10

11) 67 − 36

12) 92 − 60

13) 59 − 40

14) 71 − 45

15) 50 − 34

# Subtraction

16)  59
-    13
___

17)  81
-    67
___

18)  77
-    38
___

19)  99
-    25
___

20)  84
-    63
___

21)  81
-    12
___

22)  76
-    60
___

23)  63
-    39
___

24)  68
-    36
___

25)  31
-    17
___

26)  87
-    73
___

27)  93
-    80
___

28)  97
-    27
___

29)  41
-    12
___

30)  89
-    49
___

# Subtraction

31)  55
  -  17
  ___

32)  78
  -  19
  ___

33)  68
  -  41
  ___

34)  36
  -  35
  ___

35)  99
  -  83
  ___

36)  72
  -  68
  ___

37)  51
  -  31
  ___

38)  57
  -  50
  ___

39)  65
  -  60
  ___

40)  26
  -  13
  ___

41)  36
  -  18
  ___

42)  87
  -  35
  ___

43)  68
  -  16
  ___

44)  89
  -  30
  ___

45)  35
  -  19
  ___

# Subtraction

46)  68
 -   15
 ———

47)  49
 -   34
 ———

48)  76
 -   16
 ———

49)  32
 -   12
 ———

50)  95
 -   49
 ———

51)  48
 -   21
 ———

52)  25
 -   13
 ———

53)  77
 -   50
 ———

54)  48
 -   29
 ———

55)  40
 -   31
 ———

56)  92
 -   57
 ———

57)  44
 -   34
 ———

58)  45
 -   26
 ———

59)  95
 -   65
 ———

60)  74
 -   63
 ———

# Subtraction

61)   85
 -    46
_____

62)   35
 -    27
_____

63)   90
 -    25
_____

64)   99
 -    42
_____

65)   87
 -    35
_____

66)   38
 -    15
_____

67)   99
 -    33
_____

68)   46
 -    13
_____

69)   54
 -    34
_____

70)   31
 -    23
_____

71)   85
 -    14
_____

72)   42
 -    39
_____

73)   39
 -    34
_____

74)   32
 -    29
_____

75)   71
 -    60
_____

# Subtraction

76) 14 - 10

77) 98 - 21

78) 64 - 40

79) 96 - 28

80) 68 - 54

81) 94 - 58

82) 82 - 74

83) 94 - 33

84) 66 - 59

85) 64 - 36

86) 55 - 32

87) 64 - 31

88) 62 - 61

89) 65 - 34

90) 86 - 45

# Subtraction

91)  69
  -  43
  _____

92)  88
  -  66
  _____

93)  49
  -  15
  _____

94)  63
  -  38
  _____

95)  61
  -  17
  _____

96)  31
  -  12
  _____

97)  73
  -  39
  _____

98)  36
  -  19
  _____

99)  48
  -  40
  _____

100)  93
  -   40
  _____

101)  80
  -   76
  _____

102)  79
  -   53
  _____

103)  62
  -   20
  _____

104)  73
  -   55
  _____

105)  79
  -   64
  _____

# Subtraction

106)   54
  -    14
  _____

107)   96
  -    21
  _____

108)   55
  -    41
  _____

109)   37
  -    35
  _____

110)   59
  -    29
  _____

111)   52
  -    30
  _____

112)   61
  -    42
  _____

113)   36
  -    31
  _____

114)   61
  -    15
  _____

115)   74
  -    19
  _____

116)   78
  -    55
  _____

117)   97
  -    22
  _____

118)   74
  -    24
  _____

119)   62
  -    53
  _____

120)   33
  -    30
  _____

# Subtraction

121)  52
 -    32
 ─────

122)  83
 -    58
 ─────

123)  93
 -    12
 ─────

124)  71
 -    46
 ─────

125)  71
 -    20
 ─────

126)  45
 -    15
 ─────

127)  70
 -    58
 ─────

128)  51
 -    27
 ─────

129)  55
 -    32
 ─────

130)  62
 -    22
 ─────

131)  90
 -    86
 ─────

132)  69
 -    22
 ─────

133)  77
 -    21
 ─────

134)  84
 -    43
 ─────

135)  65
 -    59
 ─────

# Subtraction

136)  79
  -   62
  _____

137)  53
  -   44
  _____

138)  98
  -   17
  _____

139)  79
  -   44
  _____

140)  81
  -   32
  _____

141)  48
  -   46
  _____

142)  28
  -   25
  _____

143)  22
  -   13
  _____

144)  79
  -   18
  _____

145)  44
  -   26
  _____

146)  55
  -   43
  _____

147)  54
  -   37
  _____

148)  76
  -   41
  _____

149)  82
  -   58
  _____

150)  90
  -   11
  _____

Answers

1) 5
2) 78
3) 83
4) 2
5) 40
6) 10
7) 31
8) 14
9) 41
10) 11
11) 31
12) 32
13) 19
14) 26
15) 16
16) 46
17) 14
18) 39
19) 74
20) 21
21) 69
22) 16
23) 24
24) 32
25) 14
26) 14
27) 13
28) 70
29) 29
30) 40
31) 38
32) 59
33) 27
34) 1
35) 16
36) 4
37) 20
38) 7
39) 5
40) 13
41) 18
42) 52
43) 52
44) 59
45) 16
46) 53
47) 15
48) 60
49) 20
50) 46
51) 27
52) 12
53) 27
54) 19
55) 9
56) 35
57) 10
58) 19
59) 30
60) 11

61) 39
62) 8
63) 65
64) 57
65) 52
66) 23
67) 66
68) 33
69) 20
70) 8
71) 71
72) 3
73) 5
74) 3
75) 11
76) 4
77) 77
78) 24
79) 68
80) 14
81) 36
82) 8
83) 61
84) 7
85) 28
86) 23
87) 33
88) 1
89) 31
90) 41
91) 26
92) 22
93) 34
94) 25
95) 44
96) 19
97) 34
98) 17
99) 8
100) 53
101) 4
102) 26
103) 42
104) 18
105) 15
106) 40
107) 75
108) 14
109) 2
110) 30
111) 22
112) 19
113) 5
114) 46
115) 55
116) 23
117) 75
118) 50
119) 9
120) 3

| | | |
|---|---|---|
| 121) 20 | 122) 25 | 123) 81 |
| 124) 25 | 125) 51 | 126) 30 |
| 127) 12 | 128) 24 | 129) 23 |
| 130) 40 | 131) 4 | 132) 47 |
| 133) 56 | 134) 41 | 135) 6 |
| 136) 17 | 137) 9 | 138) 81 |
| 139) 35 | 140) 49 | 141) 2 |
| 142) 3 | 143) 9 | 144) 61 |
| 145) 18 | 146) 12 | 147) 17 |
| 148) 35 | 149) 24 | 150) 79 |

# Multiplication

# Multiplication

1)    56      2)    83      3)    38
   x   21         x   98         x   90

4)    78      5)    29      6)    60
   x   17         x   22         x   29

7)    45      8)    48      9)    55
   x   24         x   77         x   11

10)   16      11)   62      12)   47
   x   46         x   96         x   91

13)   22      14)   81      15)   14
   x   52         x   97         x   57

# Multiplication

16)  89      17)  31      18)  72
 x   28       x   31       x   12
 _____  _____  _____

19)  42      20)  63      21)  48
 x   11       x   57       x   17
 _____  _____  _____

22)  69      23)  33      24)  30
 x   15       x   65       x   91
 _____  _____  _____

25)  12      26)  95      27)  69
 x   36       x   10       x   46
 _____  _____  _____

28)  71      29)  90      30)  89
 x   93       x   88       x   29
 _____  _____  _____

# Multiplication

31)  98
  x  93
  ―――

32)  63
  x  53
  ―――

33)  77
  x  61
  ―――

34)  13
  x  60
  ―――

35)  46
  x  13
  ―――

36)  71
  x  15
  ―――

37)  34
  x  57
  ―――

38)  17
  x  56
  ―――

39)  46
  x  55
  ―――

40)  72
  x  26
  ―――

41)  23
  x  26
  ―――

42)  14
  x  99
  ―――

43)  53
  x  32
  ―――

44)  43
  x  74
  ―――

45)  99
  x  41
  ―――

# Multiplication

46)  58      47)  85      48)  53
  x  99        x  46        x  63
  _____       _____       _____

49)  87      50)  61      51)  51
  x  87        x  94        x  77
  _____       _____       _____

52)  40      53)  59      54)  76
  x  29        x  61        x  71
  _____       _____       _____

55)  77      56)  28      57)  48
  x  46        x  70        x  94
  _____       _____       _____

58)  75      59)  71      60)  43
  x  16        x  85        x  13
  _____       _____       _____

# Multiplication

| 61)   99 × 59 | 62)   76 × 37 | 63)   27 × 27 |

| 64)   78 × 30 | 65)   30 × 96 | 66)   21 × 97 |

| 67)   99 × 15 | 68)   50 × 76 | 69)   60 × 82 |

| 70)   92 × 74 | 71)   67 × 98 | 72)   84 × 32 |

| 73)   55 × 24 | 74)   24 × 73 | 75)   51 × 52 |

# Multiplication

76) 87 × 75

77) 29 × 56

78) 63 × 67

79) 67 × 76

80) 76 × 19

81) 49 × 34

82) 32 × 60

83) 84 × 73

84) 45 × 51

85) 44 × 52

86) 79 × 83

87) 95 × 79

88) 61 × 92

89) 65 × 62

90) 18 × 49

# Multiplication

91)  25
  x  32
  ———

92)  22
  x  99
  ———

93)  98
  x  23
  ———

94)  95
  x  71
  ———

95)  55
  x  36
  ———

96)  48
  x  77
  ———

97)  85
  x  84
  ———

98)  45
  x  23
  ———

99)  81
  x  68
  ———

100)  38
  x   87
  ———

101)  40
  x   94
  ———

102)  57
  x   63
  ———

103)  50
  x   21
  ———

104)  15
  x   17
  ———

105)  29
  x   91
  ———

# Multiplication

106)  91  
× 93  
———

107)  66  
× 83  
———

108)  21  
× 12  
———

109)  98  
× 96  
———

110)  45  
× 57  
———

111)  56  
× 30  
———

112)  36  
× 96  
———

113)  55  
× 80  
———

114)  41  
× 39  
———

115)  20  
× 61  
———

116)  84  
× 51  
———

117)  68  
× 88  
———

118)  29  
× 94  
———

119)  40  
× 62  
———

120)  31  
× 89  
———

# Multiplication

121)  68
   x  53
   ―――――

122)  90
   x  46
   ―――――

123)  12
   x  94
   ―――――

124)  73
   x  66
   ―――――

125)  53
   x  86
   ―――――

126)  49
   x  65
   ―――――

127)  49
   x  59
   ―――――

128)  63
   x  16
   ―――――

129)  29
   x  54
   ―――――

130)  11
   x  88
   ―――――

131)  85
   x  37
   ―――――

132)  76
   x  90
   ―――――

133)  17
   x  36
   ―――――

134)  33
   x  93
   ―――――

135)  48
   x  63
   ―――――

# Multiplication

136) 57 × 92 _____

137) 68 × 64 _____

138) 23 × 73 _____

139) 46 × 23 _____

140) 70 × 56 _____

141) 29 × 89 _____

142) 38 × 49 _____

143) 81 × 18 _____

144) 26 × 19 _____

145) 15 × 17 _____

146) 83 × 10 _____

147) 21 × 91 _____

148) 63 × 88 _____

149) 36 × 48 _____

150) 35 × 86 _____

Answers

1) 1,176
2) 8,134
3) 3,420
4) 1,326
5) 638
6) 1,740
7) 1,080
8) 3,696
9) 605
10) 736
11) 5,952
12) 4,277
13) 1,144
14) 7,857
15) 798
16) 2,492
17) 961
18) 864
19) 462
20) 3,591
21) 816
22) 1,035
23) 2,145
24) 2,730
25) 432
26) 950
27) 3,174
28) 6,603
29) 7,920
30) 2,581
31) 9,114
32) 3,339
33) 4,697
34) 780
35) 598
36) 1,065
37) 1,938
38) 952
39) 2,530
40) 1,872
41) 598
42) 1,386
43) 1,696
44) 3,182
45) 4,059
46) 5,742
47) 3,910
48) 3,339
49) 7,569
50) 5,734
51) 3,927
52) 1,160
53) 3,599
54) 5,396
55) 3,542
56) 1,960
57) 4,512
58) 1,200
59) 6,035
60) 559

| | | |
|---|---|---|
| 61) 5,841 | 62) 2,812 | 63) 729 |
| 64) 2,340 | 65) 2,880 | 66) 2,037 |
| 67) 1,485 | 68) 3,800 | 69) 4,920 |
| 70) 6,808 | 71) 6,566 | 72) 2,688 |
| 73) 1,320 | 74) 1,752 | 75) 2,652 |
| 76) 6,525 | 77) 1,624 | 78) 4,221 |
| 79) 5,092 | 80) 1,444 | 81) 1,666 |
| 82) 1,920 | 83) 6,132 | 84) 2,295 |
| 85) 2,288 | 86) 6,557 | 87) 7,505 |
| 88) 5,612 | 89) 4,030 | 90) 882 |
| 91) 800 | 92) 2,178 | 93) 2,254 |
| 94) 6,745 | 95) 1,980 | 96) 3,696 |
| 97) 7,140 | 98) 1,035 | 99) 5,508 |
| 100) 3,306 | 101) 3,760 | 102) 3,591 |
| 103) 1,050 | 104) 255 | 105) 2,639 |
| 106) 8,463 | 107) 5,478 | 108) 252 |
| 109) 9,408 | 110) 2,565 | 111) 1,680 |
| 112) 3,456 | 113) 4,400 | 114) 1,599 |
| 115) 1,220 | 116) 4,284 | 117) 5,984 |
| 118) 2,726 | 119) 2,480 | 120) 2,759 |

| | | |
|---|---|---|
| 121) 3,604 | 122) 4,140 | 123) 1,128 |
| 124) 4,818 | 125) 4,558 | 126) 3,185 |
| 127) 2,891 | 128) 1,008 | 129) 1,566 |
| 130) 968 | 131) 3,145 | 132) 6,840 |
| 133) 612 | 134) 3,069 | 135) 3,024 |
| 136) 5,244 | 137) 4,352 | 138) 1,679 |
| 139) 1,058 | 140) 3,920 | 141) 2,581 |
| 142) 1,862 | 143) 1,458 | 144) 494 |
| 145) 255 | 146) 830 | 147) 1,911 |
| 148) 5,544 | 149) 1,728 | 150) 3,010 |

# Mixed Operations and Brackets

1) (1 + 4) x (9 x 4)

2) (6 - 7) - (0 x 1)

3) (1 + 7) x (3 - 1)

4) (8 + 5) x (9 - 5)

5) (2 + 0) x (8 - 8)

6) (1 x 9) + (6 x 5)

7) (5 x 7) x (0 x 6)

8) (3 + 4) - (5 - 4)

9) (4 x 3) - (4 x 2)

10) (9 - 0) + (1 x 2)

11) (6 - 1) + (4 x 9)

12) (7 + 5) - (4 x 4)

13) (5 - 4) - (2 x 6)

14) (3 + 7) x (2 - 4)

15) (5 + 7) - (5 + 8)

16) (3 x 9) x (9 + 9)

17) (4 + 7) + (8 + 9)

18) (5 - 2) - (5 - 9)

19) (3 - 2) - (9 - 3)

20) (4 - 5) - (7 + 2)

21) (6 - 9) x (7 x 1)

22) (4 - 6) - (5 - 3)

23) (3 x 1) + (0 - 1)

24) (4 + 8) - (8 - 4)

25) (6 x 7) + (5 - 8)

26) (1 - 0) x (8 x 3)

27) (7 - 3) - (5 + 8)

28) (5 x 5) + (1 - 4)

29) (4 x 0) x (5 - 7)

30) (1 x 8) x (3 x 7)

31) (6 x 6) x (5 - 5)

32) (3 + 4) + (9 x 6)

33) (6 - 3) - (4 - 3)  34) (5 - 9) + (2 + 2)

35) (8 - 2) x (5 - 7)  36) (6 x 6) x (6 x 5)

37) (1 + 6) - (3 x 7)  38) (9 + 3) x (2 + 4)

39) (1 + 1) - (6 + 3)  40) (6 - 9) x (6 - 7)

41) (6 - 6) x (9 + 2)  42) (8 x 6) x (8 - 7)

43) (7 x 4) x (2 x 2)  44) (7 + 0) + (3 - 3)

45) (6 + 5) + (1 - 6)  46) (1 x 8) x (5 + 9)

47) (5 x 4) + (3 x 5)  48) (4 - 4) - (6 + 6)

49) (1 x 3) + (5 - 4)

50) (8 x 0) - (3 + 4)

51) (6 + 0) + (2 + 8)

52) (6 + 8) x (9 - 8)

53) (3 x 2) x (6 + 6)

54) (4 - 8) + (6 + 8)

55) (6 - 2) x (9 - 1)

56) (8 - 8) x (0 - 6)

57) (3 + 5) + (6 - 3)

58) (4 x 3) + (8 x 9)

59) (2 - 5) + (3 x 9)

60) (3 - 0) + (9 x 4)

61) (5 x 6) + (7 + 6)

62) (1 + 4) x (4 + 1)

63) (2 + 3) x (5 - 7)

64) (9 x 0) x (7 - 9)

65) (6 - 5) x (8 + 2)   66) (7 x 1) x (9 + 7)

67) (4 x 4) + (7 - 2)   68) (9 - 4) + (8 - 2)

69) (7 x 4) x (3 + 3)   70) (7 - 4) - (5 + 7)

71) (6 x 4) x (0 - 6)   72) (6 + 9) - (7 + 5)

73) (6 - 0) + (7 x 7)   74) (2 - 4) x (1 + 8)

75) (9 + 7) + (6 + 3)   76) (6 + 4) x (5 - 2)

77) (1 - 3) - (1 - 8)   78) (1 + 5) x (4 - 2)

79) (5 + 5) x (7 - 1)   80) (6 - 0) x (1 + 5)

81) (6 x 7) - (6 + 1)        82) (4 - 1) + (3 x 4)

83) (1 - 9) + (3 x 9)        84) (7 x 1) + (1 x 8)

85) (6 + 3) + (7 + 8)        86) (8 - 8) + (8 - 3)

87) (2 x 1) x (4 - 5)        88) (2 - 9) + (0 - 2)

89) (7 x 6) x (6 x 4)        90) (9 x 8) + (1 x 6)

91) (2 + 6) x (2 - 1)        92) (2 + 4) - (8 + 4)

93) (1 x 8) + (4 + 7)        94) (9 + 2) x (6 + 6)

95) (4 - 6) x (1 x 9)        96) (4 + 8) - (3 x 7)

97) (7 + 9) x (8 + 4)

98) (7 - 9) x (1 + 9)

99) (6 - 8) - (2 - 3)

100) (4 - 1) - (2 + 8)

101) (9 + 2) + (3 + 1)

102) (2 + 1) - (3 + 2)

103) (2 - 3) - (0 x 9)

104) (3 x 5) + (0 x 5)

105) (4 - 9) + (8 - 9)

106) (1 + 0) + (8 - 1)

107) (2 x 3) x (1 x 5)

108) (4 + 8) + (1 x 8)

109) (8 x 7) + (2 x 9)

110) (3 + 5) x (5 - 5)

111) (1 + 2) + (9 + 7)

112) (2 - 7) x (6 - 9)

113) (7 + 9) - (1 x 6)          114) (9 - 1) - (0 x 3)

115) (7 + 5) x (0 - 9)          116) (8 x 0) + (5 + 2)

117) (2 x 6) - (1 x 1)          118) (6 x 5) - (7 - 5)

119) (1 - 6) + (9 + 6)          120) (8 - 1) x (2 + 6)

121) (5 + 8) x (7 - 5)          122) (1 x 0) + (1 - 9)

123) (7 - 8) x (3 + 1)          124) (8 - 7) x (2 - 5)

125) (8 - 1) + (6 - 8)          126) (8 + 5) + (5 - 9)

127) (3 + 5) - (8 - 7)          128) (2 + 4) x (3 + 1)

129) (3 x 8) - (0 - 7)    130) (2 + 6) x (1 - 5)

131) (2 + 8) + (2 x 8)    132) (7 - 8) x (7 - 5)

133) (8 x 4) x (3 + 3)    134) (9 x 3) - (6 x 7)

135) (2 - 6) + (0 x 7)    136) (1 - 4) x (9 x 5)

137) (8 - 7) + (0 + 3)    138) (6 + 3) + (8 x 5)

139) (7 + 8) + (7 x 8)    140) (8 - 4) - (5 - 7)

141) (4 - 1) x (7 - 9)    142) (9 + 1) - (8 + 9)

143) (1 - 7) + (1 - 9)    144) (7 x 9) - (2 + 7)

145) (4 + 8) - (3 x 7)

146) (7 x 3) x (7 - 5)

147) (9 + 7) x (9 x 8)

148) (7 + 0) - (0 x 9)

149) (3 + 7) x (0 - 3)

150) (4 + 3) x (1 + 2)

151) (9 - 5) - (8 + 2)

152) (3 x 5) + (9 + 1)

153) (8 + 3) - (4 + 6)

154) (6 x 6) - (0 x 2)

155) (9 - 5) x (1 + 3)

156) (3 + 8) + (2 - 9)

157) (9 + 5) x (1 + 4)

158) (6 x 5) x (7 x 3)

159) (4 - 2) - (8 x 7)

160) (2 x 8) - (2 + 7)

1) (1 + 4) x (9 x 4) = 180

2) (6 - 7) - (0 x 1) = -1

3) (1 + 7) x (3 - 1) = 16

4) (8 + 5) x (9 - 5) = 52

5) (2 + 0) x (8 - 8) = 0

6) (1 x 9) + (6 x 5) = 39

7) (5 x 7) x (0 x 6) = 0

8) (3 + 4) - (5 - 4) = 6

9) (4 x 3) - (4 x 2) = 4

10) (9 - 0) + (1 x 2) = 11

11) (6 - 1) + (4 x 9) = 41

12) (7 + 5) - (4 x 4) = -4

13) (5 - 4) - (2 x 6) = -11

14) (3 + 7) x (2 - 4) = -20

15) (5 + 7) - (5 + 8) = -1

16) (3 x 9) x (9 + 9) = 486

17) (4 + 7) + (8 + 9) = 28

18) (5 - 2) - (5 - 9) = 7

19) (3 - 2) - (9 - 3) = -5

20) (4 - 5) - (7 + 2) = -10

21) (6 - 9) x (7 x 1) = -21

22) (4 - 6) - (5 - 3) = -4

23) (3 x 1) + (0 - 1) = 2

24) (4 + 8) - (8 - 4) = 8

25) (6 x 7) + (5 - 8) = 39

26) (1 - 0) x (8 x 3) = 24

27) (7 - 3) - (5 + 8) = -9

28) (5 x 5) + (1 - 4) = 22

29) (4 x 0) x (5 - 7) = 0

30) (1 x 8) x (3 x 7) = 168

31) (6 x 6) x (5 - 5) = 0

32) (3 + 4) + (9 x 6) = 61

33) (6 - 3) - (4 - 3) = 2

34) (5 - 9) + (2 + 2) = 0

35) (8 - 2) x (5 - 7) = -12

36) (6 x 6) x (6 x 5) = 1080

37) (1 + 6) - (3 x 7) = -14

38) (9 + 3) x (2 + 4) = 72

39) (1 + 1) - (6 + 3) = -7

40) (6 - 9) x (6 - 7) = 3

41) (6 - 6) x (9 + 2) = 0

42) (8 x 6) x (8 - 7) = 48

43) (7 x 4) x (2 x 2) = 112

44) (7 + 0) + (3 - 3) = 7

45) (6 + 5) + (1 - 6) = 6

46) (1 x 8) x (5 + 9) = 112

47) (5 x 4) + (3 x 5) = 35

48) (4 - 4) - (6 + 6) = -12

49) (1 x 3) + (5 - 4) = 4

50) (8 x 0) - (3 + 4) = -7

51) (6 + 0) + (2 + 8) = 16

52) (6 + 8) x (9 - 8) = 14

53) (3 x 2) x (6 + 6) = 72

54) (4 - 8) + (6 + 8) = 10

55) (6 - 2) x (9 - 1) = 32

56) (8 - 8) x (0 - 6) = 0

57) (3 + 5) + (6 - 3) = 11

58) (4 x 3) + (8 x 9) = 84

59) (2 - 5) + (3 x 9) = 24

60) (3 - 0) + (9 x 4) = 39

61) (5 x 6) + (7 + 6) = 43

62) (1 + 4) x (4 + 1) = 25

63) (2 + 3) x (5 - 7) = -10

64) (9 x 0) x (7 - 9) = 0

65) (6 - 5) x (8 + 2) = 10

66) (7 x 1) x (9 + 7) = 112

67) (4 x 4) + (7 - 2) = 21

68) (9 - 4) + (8 - 2) = 11

69) (7 x 4) x (3 + 3) = 168

70) (7 - 4) - (5 + 7) = -9

71) (6 x 4) x (0 - 6) = -144

72) (6 + 9) - (7 + 5) = 3

73) (6 - 0) + (7 x 7) = 55

74) (2 - 4) x (1 + 8) = -18

75) (9 + 7) + (6 + 3) = 25

76) (6 + 4) x (5 - 2) = 30

77) (1 - 3) - (1 - 8) = 5

78) (1 + 5) x (4 - 2) = 12

79) (5 + 5) x (7 - 1) = 60

80) (6 - 0) x (1 + 5) = 36

81) (6 x 7) - (6 + 1) = 35        82) (4 - 1) + (3 x 4) = 15

83) (1 - 9) + (3 x 9) = 19        84) (7 x 1) + (1 x 8) = 15

85) (6 + 3) + (7 + 8) = 24        86) (8 - 8) + (8 - 3) = 5

87) (2 x 1) x (4 - 5) = -2        88) (2 - 9) + (0 - 2) = -9

89) (7 x 6) x (6 x 4) = 1008      90) (9 x 8) + (1 x 6) = 78

91) (2 + 6) x (2 - 1) = 8         92) (2 + 4) - (8 + 4) = -6

93) (1 x 8) + (4 + 7) = 19        94) (9 + 2) x (6 + 6) = 132

95) (4 - 6) x (1 x 9) = -18       96) (4 + 8) - (3 x 7) = -9

97) (7 + 9) x (8 + 4) = 192

98) (7 - 9) x (1 + 9) = -20

99) (6 - 8) - (2 - 3) = -1

100) (4 - 1) - (2 + 8) = -7

101) (9 + 2) + (3 + 1) = 15

102) (2 + 1) - (3 + 2) = -2

103) (2 - 3) - (0 x 9) = -1

104) (3 x 5) + (0 x 5) = 15

105) (4 - 9) + (8 - 9) = -6

106) (1 + 0) + (8 - 1) = 8

107) (2 x 3) x (1 x 5) = 30

108) (4 + 8) + (1 x 8) = 20

109) (8 x 7) + (2 x 9) = 74

110) (3 + 5) x (5 - 5) = 0

111) (1 + 2) + (9 + 7) = 19

112) (2 - 7) x (6 - 9) = 15

113) (7 + 9) - (1 x 6) = 10

114) (9 - 1) - (0 x 3) = 8

115) (7 + 5) x (0 - 9) = -108

116) (8 x 0) + (5 + 2) = 7

117) (2 x 6) - (1 x 1) = 11

118) (6 x 5) - (7 - 5) = 28

119) (1 - 6) + (9 + 6) = 10

120) (8 - 1) x (2 + 6) = 56

121) (5 + 8) x (7 - 5) = 26

122) (1 x 0) + (1 - 9) = -8

123) (7 - 8) x (3 + 1) = -4

124) (8 - 7) x (2 - 5) = -3

125) (8 - 1) + (6 - 8) = 5

126) (8 + 5) + (5 - 9) = 9

127) (3 + 5) - (8 - 7) = 7

128) (2 + 4) x (3 + 1) = 24

129) (3 x 8) - (0 - 7) = 31

130) (2 + 6) x (1 - 5) = -32

131) (2 + 8) + (2 x 8) = 26

132) (7 - 8) x (7 - 5) = -2

133) (8 x 4) x (3 + 3) = 192

134) (9 x 3) - (6 x 7) = -15

135) (2 - 6) + (0 x 7) = -4

136) (1 - 4) x (9 x 5) = -135

137) (8 - 7) + (0 + 3) = 4

138) (6 + 3) + (8 x 5) = 49

139) (7 + 8) + (7 x 8) = 71

140) (8 - 4) - (5 - 7) = 6

141) (4 - 1) x (7 - 9) = -6

142) (9 + 1) - (8 + 9) = -7

143) (1 - 7) + (1 - 9) = -14

144) (7 x 9) - (2 + 7) = 54

145) (4 + 8) - (3 x 7) = -9

146) (7 x 3) x (7 - 5) = 42

147) (9 + 7) x (9 x 8) = 1152

148) (7 + 0) - (0 x 9) = 7

149) (3 + 7) x (0 - 3) = -30

150) (4 + 3) x (1 + 2) = 21

151) (9 - 5) - (8 + 2) = -6

152) (3 x 5) + (9 + 1) = 25

153) (8 + 3) - (4 + 6) = 1

154) (6 x 6) - (0 x 2) = 36

155) (9 - 5) x (1 + 3) = 16

156) (3 + 8) + (2 - 9) = 4

157) (9 + 5) x (1 + 4) = 70

158) (6 x 5) x (7 x 3) = 630

159) (4 - 2) - (8 x 7) = -54

160) (2 x 8) - (2 + 7) = 7

# Times Tables

| | | |
|---|---|---|
| 1 X 1 = 1 | 1 X 2 = 2 | 1 X 3 = 3 |
| 2 X 1 = 2 | 2 X 2 = 4 | 2 X 3 = 6 |
| 3 X 1 = 3 | 3 X 2 = 6 | 3 X 3 = 9 |
| 4 X 1 = 4 | 4 X 2 = 8 | 4 X 3 = 12 |
| 5 X 1 = 5 | 5 X 2 = 10 | 5 X 3 = 15 |
| 6 X 1 = 6 | 6 X 2 = 12 | 6 X 3 = 18 |
| 7 X 1 = 7 | 7 X 2 = 14 | 7 X 3 = 21 |
| 8 X 1 = 8 | 8 X 2 = 16 | 8 X 3 = 24 |
| 9 X 1 = 9 | 9 X 2 = 18 | 9 X 3 = 27 |
| 10 X 1 = 10 | 10 X 2 = 20 | 10 X 3 = 30 |

| | | |
|---|---|---|
| 1 X 4 = 4 | 1 X 5 = 5 | 1 X 6 = 6 |
| 2 X 4 = 8 | 2 X 5 = 10 | 2 X 6 = 12 |
| 3 X 4 = 12 | 3 X 5 = 15 | 3 X 6 = 18 |
| 4 X 4 = 16 | 4 X 5 = 20 | 4 X 6 = 24 |
| 5 X 4 = 20 | 5 X 5 = 25 | 5 X 6 = 30 |
| 6 X 4 = 24 | 6 X 5 = 30 | 6 X 6 = 36 |
| 7 X 4 = 28 | 7 X 5 = 35 | 7 X 6 = 42 |
| 8 X 4 = 32 | 8 X 5 = 40 | 8 X 6 = 48 |
| 9 X 4 = 36 | 9 X 5 = 45 | 9 X 6 = 54 |
| 10 X 4 = 40 | 10 X 5 = 50 | 10 X 6 = 60 |

| | | | |
|---|---|---|---|
| 1 X 7 = 7 | 1 X 8 = 8 | 1 X 9 = 9 | 1 X 10 = 10 |
| 2 X 7 = 14 | 2 X 8 = 16 | 2 X 9 = 18 | 2 X 10 = 20 |
| 3 X 7 = 21 | 3 X 8 = 24 | 3 X 9 = 27 | 3 X 10 = 30 |
| 4 X 7 = 28 | 4 X 8 = 32 | 4 X 9 = 36 | 4 X 10 = 40 |
| 5 X 7 = 35 | 5 X 8 = 40 | 5 X 9 = 45 | 5 X 10 = 50 |
| 6 X 7 = 42 | 6 X 8 = 48 | 6 X 9 = 54 | 6 X 10 = 60 |
| 7 X 7 = 49 | 7 X 8 = 56 | 7 X 9 = 63 | 7 X 10 = 70 |
| 8 X 7 = 56 | 8 X 8 = 64 | 8 X 9 = 72 | 8 X 10 = 80 |
| 9 X 7 = 63 | 9 X 8 = 72 | 9 X 9 = 81 | 9 X 10 = 90 |
| 10 X 7 = 70 | 10 X 8 = 80 | 10 X 9 = 90 | 10 X 10 = 100 |

# Notes

# Notes

# Notes

# Notes

# Notes

# Notes

# Notes

# Notes

# Notes

# Notes

www.ingramcontent.com/pod-product-compliance
Lightning Source LLC
Chambersburg PA
CBHW062120220526
45471CB00010B/3807